# BEI GRIN MACHT SICH IHR WISSEN BEZAHLT

AF149941

- Wir veröffentlichen Ihre Hausarbeit, Bachelor- und Masterarbeit

- Ihr eigenes eBook und Buch - weltweit in allen wichtigen Shops

- Verdienen Sie an jedem Verkauf

## Jetzt bei www.GRIN.com hochladen und kostenlos publizieren

Volker Halstenberg

# Designer-Babies und Maß-Menschen

## Reproduktionsgenetik heute - morgen - übermorgen

GRIN Verlag

**Bibliografische Information der Deutschen Nationalbibliothek:**

Die Deutsche Bibliothek verzeichnet diese Publikation in der Deutschen National-bibliografie; detaillierte bibliografische Daten sind im Internet über http://dnb.d-nb.de/ abrufbar.

**Impressum:**

Copyright © 2005 GRIN Verlag GmbH
Druck und Bindung: Books on Demand GmbH, Norderstedt Germany
ISBN: 978-3-638-79921-8

**Dieses Buch bei GRIN:**

http://www.grin.com/de/e-book/47004/designer-babies-und-mass-menschen

**GRIN - Your knowledge has value**

Der GRIN Verlag publiziert seit 1998 wissenschaftliche Arbeiten von Studenten, Hochschullehrern und anderen Akademikern als eBook und gedrucktes Buch. Die Verlagswebsite www.grin.com ist die ideale Plattform zur Veröffentlichung von Hausarbeiten, Abschlussarbeiten, wissenschaftlichen Aufsätzen, Dissertationen und Fachbüchern.

**Besuchen Sie uns im Internet:**

http://www.grin.com/

http://www.facebook.com/grincom

http://www.twitter.com/grin_com

Dr. Volker Halstenberg

Titel des wissenschaftlichen Aufsatzes

**Designer-Babies und Maß-Menschen**

Untertitel:

**Reproduktionsgenetik heute - morgen - übermorgen**

## 1. Einleitung

Prof. Wagner: „Ein herrlich Werk ist gleich zu Stand gebracht."
Mephisto: „Was gibt es denn?"
Wagner: „Es wird ein Mensch gemacht."
**Laboratoriums-Szene aus Goethes >Faust II<.**

> „Bokanowskyverfahren", wiederholte der Direktor.
> „... ein Ei, ein Embryo, ein erwachsener Mensch: das Natürliche.
> Aber ein bokanowskysiertes Ei knospt und sproßt und spaltet sich.
> Acht bis sechsundneunzig Knospen – und jede Knospe entwickelt
> sich zu einem voll ausgebildeten Embryo, jeder Embryo zu einem
> voll ausgewachsenen Menschen. Sechsundneunzig Menschenleben
> entstehen zu lassen, wo einst nur eins wuchs: Fortschritt. ...
> Identische Simultangeschwister, aber nicht lumpige Zwillinge oder
> Drillinge wie in alten Zeiten des Lebendgebärens, als sich ein Ei
> manchmal zufällig teilte, sondern Dutzendlinge, viele Dutzendlinge
> auf einmal. ... „Aber leider", der Direktor schüttelte den Kopf, „können
> wir nicht unbegrenzt bokanowskysieren." Sechsundneunzig schien
> die Höchstgrenze zu sein, zweiundsiebzig ein gutes Durchschnittsergebnis.

**Aldous Huxley (Brave New World)**

Dreieinhalb Milliarden Jahre *Evolutionsdiktatur* gehen ihrem Ende entgegen. Wir befinden uns auf dem Weg von der Vorprogrammierung zur Selbststeuerung. Der Mensch schickt sich an, göttliche Funktionen zu übernehmen, den großen Schöpfer zu entmündigen, das genetische Zepter in die eigene Hand zu nehmen, seinem hereditären Schicksal ein Schnippchen zu schlagen, dem Gefängnis aus Hirn und Haut, Knochen und Knorpeln, Fett und Fleisch mit ihren stets präsenten, psychischen Äquivalenten zu entrinnen und sich selbst nach seinem Willen zu formen. *Genstruiere* dich selbst – und deine Nachkommen gleich dazu –, heißt das Motto von morgen und übermorgen.

ICH als Wille und Vorstellung. Jeder nach genetischem Gusto. War es früher nur das Glück, dessen Schmieden jedem selbst oblag, ist zukünftig ein jeder seines Genoms Schmied. Möglicherweise mutiert der Hausarzt gar zum genetischen Stilberater, wenn das Überangebot an Optionen die Eigenentscheidung sabotiert. Dass Glück und Genetik hochgradig miteinander korrelieren, muss kaum erwähnt werden. Schließlich ist das Verhältnis zwischen Körper und Geist, Leib und Seele, eines der Wechselwirkung. Mens sana in corpore sano, wusste schon Juvenal, der alte Römer.

Grandiose Aussichten also, dank einer alles und jeden glücklich-machenden Gentechnik? Ein Hoch auf die neuen Life Sciences! Vivat! Nur noch schöne, junge, gesunde, intelligente, gutgelaunte, langlebige Maß-Menschen, in ewiger Eintracht mit sich selbst und einer transgenen Tier- und Pflanzenwelt. Für viele doch wohl eher eine Horrorvision.

Goethes „Was ist schwerer zu ertragen als eine Reihe von schönen Tagen?" lässt ahnen, wohin alle noch so paradiesisch anmutende Einseitigkeit führt. Erst der Kontrast, die spannungsvolle Dialektik der Gegensätze geben dem Leben Würze. Nur angesichts des Todes wird das ICH des Menschen geboren, predigte der heilige Augustinus. Ist der Tod – der große Motivator und pädagogische Zuchtmeister – erst eugenisch eliminiert, wo bleibt dann das ICH und sein Leben? Alles in dieser Welt existiert ausschließlich im Angesicht seines Antagonisten: Leben nur durch Tod, Gott nur durch den Teufel, Gutes nur durch Böses, Ordnung nur durch Chaos, Perfektes nur duch Imperfektes, Schönes nur durch Hässliches, Liebe nur durch Hass, Gesundheit nur durch Krankheit, Chance nur durch Risiko und Positives nur durch Negatives. Was wäre das eine ohne das andere? *Wäre* es überhaupt?

Zweifellos haben Gen- und Biotechnologie andere als positive Seiten. Ethisch-moralische, existenzial-philosophische, identitäts-psychologische, sozial-politische, versicherungs-technische und tausend weitere Fragen tauchen auf, ohne deren zufriedenstellende Lösung alle Formen genetischer Glückseligkeit auf der Strecke bleiben.

Nichtsdestoweniger: Die therapeutischen, ökonomischen und anderweitigen Chancen der neuen und neuen alten Wissenschaften sind phänomenal. Nichts scheint unmöglich. Von intrauterinen Stammzell-Transplantationen und Tissue-Engineering über Gen- und Keimbahntherapie bis zu Designer-Babies und geklonten Menschen.

## 2. Klonen

### a) Therapeutisches Klonen

Verfahrensweise: Person A werden ein paar beliebige Körperzellen entnommen. Anschließend wird in vitro jeder Zellkern mit der darin befindlichen DNA isoliert. Die Zellkerne werden in entkernte Eizellen eingepflanzt – die vorher einer weiblichen Spenderin B aus dem Eierstock entfernt wurden – und dann durch Stromstoß zum Wachsen angeregt. Es entwickeln sich Embryonen mit den „gleichen" genetischen Informationen von A.

Im Blastozystenstadium (aus der Blastozyste (Zellkugel) entwickelt sich normalerweise die Planzenta und Monate später ein neuer Mensch) werden die extrem vielseitigen und unbegrenzt teilungsfähigen embryonalen Stammzellen entnommen - wobei die Embryonen zerstört werden - und beispielsweise für Stammzell-therapeutische Maßnahmen verwendet.

Die geklonten A-Embryonen sind allerdings **keine 100-prozentigen** genetischen Reproduktionen von A. Denn ein Teil der genetischen Informationen in der befruchteten Eizelle stammt von den außerhalb des Zellkerns liegenden Mitochondrien (Energieversorger der Zellen), und die werden ausschließlich vom Mutterkörper B beigesteuert. Die *mitochondrische* DNA leistet einen – wenn auch kleinen – Beitrag zur Bildung der zellulären Oberflächenmarker.

### b) Reproduktives Klonen

... bezeichnet die künstliche Herstellung eines genetisch identischen Lebewesens. Vergleichbar dem natürlichen Sonderfall eineiiger Zwillinge.

Während in Deutschland verboten und verdrängt, zeigen amerikanische Wissenschaftler wie Gregory Stock, Biophysiker und Direktor des >Program on Medicine, Technology and Society< an der University of California in Los Angeles (UCLA) keine Berührungsängste mit Cloning und sprechen offen über das ohnehin Unvermeidliche.

Stock prophezeite in >Redesigning Humans< die Geburt des ersten menschlichen Klons innerhalb der nächsten 10 Jahre. Ein zwielichtiges Unternehmen behauptet gar, bereits Menschen geklont zu haben. (siehe www.clonaid.com)

Beim reproduktiven Klonen ist das Prozedere gleich dem therapeutischen; nur wird die mit neuer (A-) DNA versehene Eizelle nicht via Stromstoß zum Wachsen gebracht, sondern in den weiblichen Spenderorganismus B reimplantiert und von diesem ausgetragen. Nach rund 270 Tagen erblickt ein neues Individuum mit den genetischen Eigenschaften von A das Licht der Welt. Ein A-Klon ist entstanden, der aber aus *mitochondrischen* Gründen nicht hundertprozentig mit dem genetischen Original übereinstimmt.

Tierexperimente beweisen, dass das Verfahren bis zur Geburt des Tieres funktioniert. Klonschaf Dolly war 1996 das erste Exempel. Zwischenzeitlich wird Tierklonierung im großen Maßstab praktiziert, nicht nur um aussterbende Gattungen zu retten. (vgl. Scientific American, 19. Nov. 2000)

**Faktum ist: Zellkerne können reprogrammiert werden.**

Beim Klonen von Menschen stellen sich außer ethischen eine Menge Fragen. Warum sollte man überhaupt einen Menschen klonen? Prof. Dr. E.-L. Winnacker (Biochemiker an der Ludwig Maximilians-Universität München) meinte in einem Gespräch mit Prof. Dr. med. D. Linke (Klinischer Neurophysiologe und Neurochirurg an der Universität Bonn), er hätte erst einen vernünftigen Grund zum Klonen gehört, auf einer Tagung in Tel Aviv. Dort sagte der einzige Überlebende einer durch den Holocaust ausgelöschten Familie, er wolle sich klonen lassen, um seiner Familie das Weiterleben zu ermöglichen.

Klonen von Erwachsenen sei – von Sonderfällen abgesehen – nur sinnvoll, so Winnacker, um irgendwelche genialen kognitiven und charakterlichen Eigenschaften zu konservieren, aber eben solche Eigenschaften seien seiner Ansicht nach nicht klonierbar. Es gebe kein Gen für Genialität.

Die von Bostoner Forschern entwickelten Maus-Mutanten, deren Riesenhirne mit den menschlichen Windungen durch Veränderung nur eines einzigen Gens und seines Proteins Betacatenin zustande kamen, besagen eher das Gegenteil. Zukünftige Forschungen werden uns schlauer machen.

Prof. Linke argumentierte, auch Ehepaare mit erbkranken Partnern ständen dem Klonen sicher aufgeschlossen gegenüber, wobei es denen natürlich nicht um die reine Kopie gehe, vielmehr um die Erzeugung eines genetisch veränderten (gesunden) Klons.

*„Diese von mir Klonoiden genannten Wesen halte ich für etwas, an dem einzelne Gruppierungen unserer Gesellschaft großes Interesse hätten. Ich glaube, mit Ethik und Ad-hoc-Entscheidungen allein werden wir das Klonen so leicht nicht verhindern können."* (Linke)

Interesse hätten sicher auch lesbische Paare, die ihre Liebe mit einer biologisch gemeinsamen Elternschaft krönen wollen. Eine Partnerin könnte die zum Cloning verwendete Spenderzelle, die andere die unbefruchtete Empfänger-Eizelle zur Verfügung stellen. Ausgetragen wird der Embryo von der genetisch nicht verwandten Partnerin.

Frauen, die nach der Geburt des ersten Kindes unfruchtbar sind und noch ein zweites oder drittes eigenes Kind haben möchten, könnten dazu das Erstgeborene klonieren lassen.

## 3. Advent der Klon-Industrie

Zweifellos ließe sich mit dem eingangs erwähnten >Bokanowskyverfahren< problemlos die Belegschaft für einen mittelständischen Reinigungsbetrieb oder was auch immer rekrutieren. *Heuschrecken* der private-equity-gen Art, profithungrige Venture Capitalists und ebensolche Business Angels würden Herrn oder Frau *Bokanowsky* - sollte es sie oder funktional äquivalente Verfahrensentwickler einmal geben - mit an Sicherheit grenzender Wahrscheinlichkeit die Labortür einrennen.

Erste Konturen einer kommerziellen Klon-Industrie zeichnen sich schon seit Dolly-Zeiten ab. Kurz nachdem die renommierte Wissenschaftszeitschrift *Nature* der erstaunten Fachwelt vom ersten Säugetier berichtete, das aus einer erwachsenen Körper-Zelle kloniert wurde, konstituierte sich die erwähnte Clonaid Inc. **Gegründet:** auf den Bahamas. **Wissenschaftliche Leitung:** Dr. Brigitte Boisselier. **Geschäftsfeld:** Cloning. **Corporate Mission:** Eternal Life can be reached through Cloning Technology. Clonaid will allen Interessenten für ein stattliches Honorar via Selbstvermehrung ewiges Leben ermöglichen.

Obgleich dringend davor zu warnen ist, das Angebot der Klon-Sektierer (Gründer und Mitarbeiter der Firma gehören der Raelianer-Sekte an, die daran glaubt, das der Mensch vor 25.000 Jahren von Außerirdischen geschaffen wurde.) anzunehmen – die Klon-Technik ist noch viel zu risikoreich –, zeigt es doch unmissverständlich, wohin die Reise geht.

Jedes gentechnische oder biomedizinische Verfahren (Cloning, Gentherapie, intrauterine Stammzell-Transplantation etc.), das erfolgreich Krankheiten kuriert, eröffnet prinzipiell auch einen lukrativen >Optimierungsmarkt<. Aus operativer Sicht ist es einerlei, ob zum Beispiel auf dem langen Strang von Chromosom 14 ein

Alzheimer-Gen ausgeschaltet, oder auf dem kurzen Strang von irgendeinem anderen Chromosom ein oder zwei Zusatzgene implementiert werden, die den Menschen schöner, schlauer oder widerstandsfähiger machen. Nachfrage nach genetischen Optimierungsleistungen aller Art ist reichlich vorhanden. Und wo Nachfrage besteht, sind die *befriedigenden* Unternehmen nicht weit. Money makes the world go around.

Die erste seriöse Klon-Firma – der *First Mover* – macht bekanntlich die besten Geschäfte. So besagt's die alte Marketing-Weisheit vom First Mover Advantage. (vgl. Halstenberg 2005)

Bekommen die BWL-Studenten von heute die Umsatz-, Gewinn- und Imagevorteile von Produkt-Pionieren noch anhand von Klassikern wie SAP, Dyson, Apple und Google eingebleut, lernen ihre Kollegen von morgen die gleichen Lektionen möglicherweise mit den erfolgreichen Pionieren der internationalen Klon-Industrie, wie auch immer sie heißen mögen. (Clon4you Inc.?)

### 3.1 Juristische Probleme

Was passiert eigentlich, wenn ein Klon ein Verbrechen begeht, ertappt, überführt und angeklagt wird, während der Gerichtsverhandlung gleich einem eineiigen Zwilling das Original auftaucht und jede Zeugenaussage hinfällig macht? Geht der Klon straffrei aus? Muss das Original dran glauben? Werden beide bestraft? Oder keiner? Die zukünftige Jurisdiktion zu dieser Thematik dürfte nicht ganz einfach sein.

### 3.2 Klon-Identität?

Ein psychologisches oder sagen wir besser: psychosomatisches Problem beim Klonen hängt mit dem Begriff der Identität zusammen. Wie sieht das Identitätsverständnis eines Retortenmenschen aus, angesichts der Tatsache, kein physisches Original, sondern eine Kopie zu sein? Identitäts-Bewusstsein wird er zweifellos haben, schließlich fängt seine Entwicklung wie die aller Menschen, fast bei Null an.

Die allzeit und allerorts kursierenden Geschichten vom Klon als seelenlosem Zombie sind tumbe Schauer-Märchen, die Unwissende Unwissenden und diese anderen Unwissenden erzählen und die so zum obskuren *Weltkulturerbe* avancieren.

Identitätsfragen stellen sich ebenso bei Allo- und Xenotransplantationen, bei der Replatzierung von zerstörtem Hirngewebe durch künstlich hergestelltes, bei der artifiziellen Rekonstruktion ausgefallener Kognitionen durch Neurochips und und und

Mit perfekten Operationen allein dürfte es kaum getan sein. Psychologische Nachbetreuung kann so unerlässlich sein wie in der onkologischen Praxis.

## 4. Kommerzielle Neurochip-Märkte

Neurochips sind nicht nur zwecks „Heilung", sondern ebenso zur Optimierung von Durchschnittsleistungen aller Art einsetzbar. Beispielsweise um die normalen menschlichen Gedächtniskapazitäten und Wahrnehmungsfähigkeiten zu verbessern.

Mit der Herstellung von gedächtnisverbessernden Substanzen beschäftigt sich z. B. die Firma des Nobelpreisträgers Eric Kandel: >Memory Pharmaceuticals<. (http://www.memorypharma.com)

Wie gesagt, ist davon auszugehen, dass jede neue Technik, die zuverlässig Krankheiten heilt, zugleich einen profitablen >Optimierungsmarkt< eröffnet, dessen Angebote von den Optimierungs-Interessenten privat bezahlt werden. (Das gilt expressis verbis auch für die unten erörterte Gen- und Keimbahntherapie.)

Neurochips können des Weiteren zur Intensivierung und Stimulierung sexueller Erlebnisse und zur Erweiterung menschlicher Erfahrungen eingesetzt werden. In 20 Jahren wird es vermutlich eine Multimilliarden-Dollar schwere Neuro-Chip-Industrie geben, die ähnlich den heutigen Film- und DVD-Produzenten virtuelle Erlebnisse aller Art zum Kauf anbietet, mit dem gravierenden Unterschied, dass die virtuellen Erlebnisse via Neurochip >real< sind, weil die Differenz von innen und außen aufgehoben ist.

Neurochips heben womöglich die Reise- und Touristikbranche aus den Angeln. Jeder könnte nach dem Vorbild von Paul Verhoevens >Total Recall< einen genau festgelegten und mit allen erdenklichen Annehmlichkeiten ausgestatteten, waschechten Super-Urlaub erleben, ohne sein Haus verlassen zu müssen. Vorteile: keine Reiseprobleme, kein Schlangestehen, keine Wartezeiten, kein schlechtes Wetter, keine Moskitostiche, kein Haifisch-Alarm, keine unfreundlichen Kellner, kein schlechtes Essen. Und die Krönung von allem: Der gegen Aufpreis mitimplantierte

Identitätswechsel, die Befreiung des Urlaubers von sich selbst. Denn genau das ist es doch, was jeden Urlaub im Grunde ätzend-langweilig macht, dass man sich selbst und seine affektlogische Eigenwelt mit ihren ansozialisierten Gewohn- und Beschränktheiten überall hin mitnimmt. Schluss damit. Ein weiteres Vivat auf die zukünftige Emanzipation des Menschen von sich selbst.

Selbst religiöse und andere transzendentale Erfahrungen ließen sich via Neurochip vermitteln.

Mit Ähnlichem beschäftigt sich seit geraumer Zeit die Firma NeuroSonics in Baltimore/USA. Ihr Hirnstrom-Biofeedback-System erzeugt tiefste meditative Enspannungsgefühle. Der Benutzer befestigt einfach drei Elektroden an seinem Kopf, die via Kabel mit einem PC verbunden sind, der nach Art eines EEGs seine Hirnströme und die individuelle Länge seiner Alphawellen registriert.

Alphawellen haben eine Frequenz von acht bis zwölf Hertz pro Sekunde und treten bei tiefer meditativer Entspannung auf, während Betawellen mit ihrer Frequenz von 13-28 Schwingungen/Sekunde mit normalem bewusstem Denken verbunden sind.

Wenn der Computer die genaue Frequenz der Alphawellen bestimmt hat, erzeugt er Musik nach einem Algorithmus, der die Hirnströme in musikalische Klänge umwandelt. Wobei der Anwender das Gefühl hat, sein eigenes Hirn würde die Musik generieren. Hirngenerierte Musik. (http://www.neurosonics.com)

## 5. Somatische Gentherapie

Fast 20 Jahre nach dem ersten Experiment in den USA und einer Achterbahnfahrt von Erfolgen und Rückschlägen scheint sich die somatische Gentherapie langsam aber sicher als ernstzunehmende Behandlungsmethode bei verschiedensten Krankheitsformen zu etablieren.

- „Es ist abzusehen, dass die Gentherapie für einige Krankheiten verbesserte Therapiemöglichkeiten bieten wird." (Prof. Dr. Klaus Cichutek vom Paul-Ehrlich-Institut, das für die Arzneimittel-Sicherheit verantwortlich ist. Er leitet auch die ‚Kommission Somatische Gentherapie', die die gentherapeutischen Studien in Deutschland genehmigen muss.)

- „Die Gentherapie macht ... laufend Fortschritte, aber mit viel weniger Pauken und Trompeten und viel weniger Versprechungen als während der euphorischen Phase Ende der 90er Jahre." (Prof. Dr. Sandro Rusconi, Gentherapie-Experte, Universität Freiburg)

Bei der somatischen Gentherapie wird mit Hilfe eines Transportsystems (Vektor, Genfähre, Gentaxi) neues Genmaterial in die krankhaften Körperzellen und Zellkerne eines Menschen eingeschleust, um einen genetischen Defekt oder andere Fehlfunktionen zu korrigieren. Man spricht von ‚somatischer Gentherapie', weil nur Körperzellen, nicht etwa Keimzellen, gentherapeutisch behandelt werden.

## 5.1 Viren, Retroviren, Lentiviren als ‚Gentaxis'

### Viraler Gentransport

Wie wir alle aus eigener Erfahrung wissen, besitzen Viren die Fähigkeit, in die Zellen des Körpers einzudringen und sie mit ihrem Erbmaterial zu infizieren.

Viren bestehen in der Regel aus einem DNA- oder RNA-Faden, der zum Teil in eine spezielle Virushülle eingebettet ist. Weil bestimmte Viren gezielt bestimmte Körperzellen kontaktieren, können sie in modifizierter Form, mit genetisch veränderten Informationsbausteinen, als zielsichere Gentransporteure eingesetzt werden und am Krankheitsort eine *provozierte* Infektion in die Wege leiten. Schließlich schleusen Viren auch bei einer normalen Infektion ihre ureigensten Gene in die Körperzellen und sogar ins Genom des Menschen.

Vor ihrem therapeutischen Einsatz müssen die Viren nicht nur von ihrem eigenen Erbmaterial befreit und mit den gewünschten Gensequenzen ausgestattet werden. Es muss auch sichergestellt werden, dass sie sich nicht - wie etwa ein Wild-Typ-Virus - in den infizierten Körperzellen vermehren und womöglich noch weitere Zellen befallen. Solche Infektionskaskaden hätten unkontrollierbare Folgen.

### Gentransport durch Retroviren

Retroviren, bestehend aus RNA-Sequenzen und einer Lipidhülle, infizieren nur Zellen, die sich in Teilung befinden. Mit Hilfe eines eigenen Enzyms, der Reversen Transkriptase, verwandeln sie ihre RNA in DNA und integrieren sie in das zelluläre Genom. Dadurch kommt es zu einer kontinuierlichen Genexpression. Retroviren scheinen also für die Taxi-Funktion geradezu prädestiniert. Allerdings nur dann, wenn die zu behandelnden Krankheiten sich durch permanente Zellteilungen auszeichnen. (Wie zum Beispiel Krebs, dessen Zellen keine Apoptosis, keinen programmierten Zelltod kennen.)

Gleich einem Marschflugkörper könnte ein im Labor von seinem originären DNA-Code befreiter und mit der gewünschten Geninformation ausgestatteter HI-Retrovirus in die bösartigen Tumorzellen eindringen und sie von innen heraus zerstören.

Gäbe es ein Immungen gegen Aids, könnte dieses via manipuliertem HI-Virus in die totipotenten Zellen des entstehenden Embryos eindringen, so dass später alle 80 Billionen Zellen des menschlichen Körpers mit dem Infektionsschutz ausgestattet wären.

## Gentransport durch Lentiviren

Lentiviren gehören zu den komplexen Retroviren. Sie haben in ihrem Genom drei "Hauptgene" und diverse akzessorische Gene, die sich von Virus zu Virus unterscheiden können und an der Synthese und Steuerung der viralen RNA beteiligt sind. Anders als Retroviren können Lentiviren auch für den Gentransfer in sich nicht teilende Zellen genutzt werden. Sie kommen deshalb bevorzugt bei Erkrankungen des zentralen Nervensystems (Parkinson, Alzheimer etc.) zum Einsatz.

Da sich die Lentiviren von den HIV-Viren ableiten, müssen bei ihrem gentherapeutischen Einsatz allerstrengste Sicherheitsvorkehrungen berücksichtigt werden, um eine Kontamination mit lebensfähigen, sich möglicherweise noch replizierenden Viren zu vermeiden.

Der Vorteil von Lentiviren ist, dass sie sich sowohl in ruhende, als auch in proliferierende Zellen integrieren können und ein Gentransfer effektiver ist als bei vielen anderen *Gentaxis*.

Lentiviren sollen eines Tages schon bei Ungeborenen den Ausbruch einer Erbkrankheit verhindern. (intrauterine Gentherapie)


## 5.2 Non-viraler Gentransfer mit Nanopartikeln

US-Immunologen vom Scripps-Institut in Kalifornien haben eine neue gentherapeutische Methode entwickelt, um Tumore und Metastasen gezielt zu zerstören. Bei Versuchen mit Mäusen wurden Nanopartikel (1 Nanometer = ein milliardstel Meter) mit einem eingebauten Gen, das die Gefäßneubildung verhindert, in die Schwanzvenen gespritzt. Daraufhin kam es bei Primärtumoren und Tochter-Geschwulsten zum programmierten Zelltod. Marker belegten, dass die Nanopartikel nur in Tumoren nachweisbar sind.

Die Methode hat entscheidende Vorteile: Nanopartikel können wiederholt gespritzt werden, ohne dass die Immunabwehr aktiviert wird, und sie sind mehrere Monate haltbar, ohne Änderungen der physikalischen und biologischen Eigenschaften.

Morgen werden

- Nanopartikel die Blut-Hirn-Schranke überwinden, ihre integrierte Gesundheits-Fracht gezielt und nebenwirkungsfrei am Ort der Notwendigkeit abliefern und zum Beispiel einen Hirntumor oder andere neurologische Erkrankungen ausmerzen.

- nanoskalierte Eisenpartikel in einen Krankheitsherd gespritzt oder mit einem Magneten dorthin dirigiert und anschließend mittels eines magnetischen Wechselfeldes zum Vibrieren gebracht. Die entstehende Wärme tötet die Krebszellen ab.

- Nanopartikel-basierte Kontrastmittel verwendet, die punktgenau an pathogene Zellen andocken und eine hochgradig schnelle und sichere Diagnose mit bildgebenden Verfahren (Computer-Tomografie, Kernspinresonanz-Tomografie, Positronen-Emissions-Tomografie) ermöglichen.


### 5.3 Molekül-Maschinen und Nanoroboter

Vektor- und andere gentherapeutische Probleme werden wahrscheinlich in 10-15 Jahren von der Molekularelektronik (einem Teilgebiet der Nanotechnologie) gelöst. Millionstel Millimeter kleine Assembler oder Nanoroboter patrouillieren irgendwann permanent in der menschlichen Blutbahn, erkennen und eliminieren Krebszellen und Krankheitserreger aller Art schon in statu nascendi, entfernen Ablagerungen in Arterien, reparieren geschädigte Zellen und sorgen für ein allzeit perfektes Immunsystem.

(Bildquelle: Atery Cleaners / © Tim Fonseca)


### 5.4 Allheilmittel Gentherapie?

Zunehmendes Wissen über die normalen und krankhaften biochemischen Zustände von Zell- und Gewebetypen und weitere Perfektionierung gentherapeutischer

11

Maßnahmen führt zwangsläufig zu einer kontinuierlichen Erweiterung gentherapeutischer Anwendungsmöglichkeiten. Ein paar Beispiele:

• Professor Mark Tuszynski und seine Kollegen von der University of California in San Diego erzielten unlängst einen maßgeblichen Erfolg bei der Bekämpfung von Morbus Alzheimer. Die Mediziner entnahmen ihren Alzheimer-Patienten eine kleine Menge Hautzellen (Fibroblasten), reicherten sie via Gentransfer mit einem Nervenwachstumsfaktor (NGF-Protein) an, und injizierten die gentechnisch veränderten Hautzellen anschließend direkt in bestimmte Gehirnregionen der Patienten.

**Ergebnis:** Bei den Patienten, denen die ‚Wachstumszellen' injiziert wurden, starben die Nervenzellen weniger schnell ab als bei unbehandelten Alzheimer-Patienten. In der Umgebung der NGF-produzierenden Zellen konnten die Forscher sogar neues Wachstum von Nervenzellen beobachten. (siehe M. Tuszynski: A phase 1 clinical trial of nerve growth factor gene therapy for Alzheimer´s disease, in: Nature Medicine, Mai 2005, 551ff)

Abbildung: links ein gesundes, rechts ein Alzheimer-Hirn

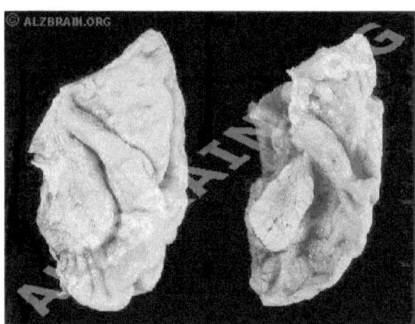

http://www.alzbrain.org/quicklinks/picturegallery.htm

• Ein Team um Dr. Michael G. Kaplitt von der New Yorker Cornell Universität erzielte vielversprechende Erfolge bei schweren Parkinson-Symptomen. Die typischen Bewegungsstörungen bei Parkinson entstehen, weil Dopamin-produzierende Nervenzellen im Gehirn absterben. Der Dopaminmangel beeinträchtigt verschiedene Hirnareale, darunter auch den für die Steuerung von Bewegungen zuständigen Subthalamus, der bei Parkinsonpatienten überaktiv wird. Verantwortlich dafür ist ein Mangel an dem Botenstoff GABA, der normalerweise die Aktivität der Nervenzellen bremst.

Die Wissenschaftler statteten ein harmloses Virus mit einem Gen aus, das den Bauplan für ein Enzym namens Glutamatdecarboxylase trägt und entscheidend für die Produktion von GABA ist. Das ‚GABA-Virus' injizierten sie in den Nucleus subthalamicus und wandelten ihn so von einer erregenden in eine hemmende Hirnregion um.

**Ergebnis**: Mit der Gentherapie verschwanden bei zwei von zwölf Patienten die Symptome phasenweise fast vollständig, bei insgesamt zehn der Patienten gingen sie deutlich zurück. Nebenwirkungen wie Immunreaktionen oder Entzündungen habe es nicht gegeben, erklären die Forscher. (The Lancet, 2007, Bd. 369, 2097)

• Düsseldorfer Biomediziner und ihre amerikanischen Kollegen vermeldeten unlängst gentherapeutischen Erfolg bei rheumatoider Arthritis. Sie hatten in körpereigene Synovialzellen das Gen für den entzündungs-hemmenden Interleukin-1-Rezeptor-Antagonisten (IL-1-Ra) eingeschleust und die Zellsuspension ins Gelenk von Arthritis-Patienten gespritzt. Dort siedelten sich die genmanipulierten Zellen wieder in der Gelenkschleimhaut an. Nach-Analysen der Synovia zeigten, dass die gentechnisch veränderten Zellen nach intraartikulärer Injektion nicht auf andere Gelenke überspringen und das die Injektionen kein onkogenes Potenzial (etwa Metaplasien) hatten.

• Spanische Wissenschaftler konnten bei Patienten mit der angeborenen Immunschwächekrankheit ADA-SCID ("Adenosin Desaminase - Severe Combined Immunodeficiency Disease") mit Hilfe genetisch modifizierter Blutstammzellen die Leistungsfähigkeit des Immunsystems weitgehend wiederherstellen.

• Gentechnisch veränderte Blutzellen kamen auch bei septischer Granulomatose (Immunschwäche, die auf einem defekten Gen basiert) erfolgreich zum Einsatz. Mediziner vom Georg-Speyer-Haus in Frankfurt haben das defekte Gen durch ein gesundes ersetzt. Die Patienten wurden zunächst mit Wachstumshormonen behandelt, um die Blutstammzellen aus dem Knochenmark ins Blut auszuschwemmen. Dann wurde Blut abgenommen und in die Blutstammzellen mit Hilfe eines Gentaxis die richtige Genkopie hineingebracht. Anschließend wurden den Patienten die gentechnisch modifizierten Zellen reinjiziert.

• Bei Hämophilie-B-Patienten konnte mittels eines adenoassoziierten Virus (AAV) das fehlende Gen für den Gerinnungsfaktor IX in die Muskelzellen transferiert werden. Laut Studienleiterin Professor Katherine A. High vom Children's Hospital of

Philadelphia im US-Bundesstaat Pennsylvania stieg daraufhin bei einigen Patienten tatsächlich die Konzentration von Faktor IX im Blut.

• Eine Gentherapie kann auch Patienten mit zystischer Fibrose helfen. Bei Erkrankten mit moderat ausgeprägten Symptomen läßt sich damit die Lungenfunktion offenbar teilweise verbessern. So das Ergebnis einer US-amerikanischen Phase-II-Studie, die unter der Leitung von Professor Richard Moss von der Abteilung Pädiatrie der Stanford University in Kalifornien stand (Chest 125, 2004, 509)

• Zwei Männer, die an Hautkrebs im fortgeschrittenen Stadium (malignes Melanom) erkrankt waren, konnten durch Einschleusung genetisch veränderter Immunzellen erfolgreich behandelt werden. (*Science* Express 31. August 2006)

Laut Frost & Sullivan soll allein der US-Markt für Gentherapie im Jahre 2008 Umsätze in Höhe von über fünf 5 Milliarden Dollar erwirtschaften.

| Jahr | Umsätze in Mio. US-Dollar |
|------|---------------------------|
| 2004 | 125 |
| 2005 | 431 |
| 2006 | 1.042 |
| 2007 | 2.800 |
| 2008 | 5.600 |

Quelle: Frost & Sullivan Report 7964.

In Europa laufen im Jahr 2007 rund 30 klinische Studien, in denen auch geprüft wird, ob die Gentherapie im Kampf gegen Volkskrankheiten genutzt werden kann. Falls ja, kommen auf Biotech-Unternehmen, die erstklassige, also sichere, wirksame und verträgliche Gentherapeutika (z. B. Gentaxis) im Produktprogramm haben, wohl goldene Zeiten zu. Die Mologen AG könnte dazu gehören. Die Berliner erhielten kürzlich von der zuständigen indischen Behörde die Behandlungserlaubnis für die zellbasierte Gentherapie gegen Darm-, Nieren-, Brust- und Lungenkrebs.

Aktuelle Entwicklungen zur Gentherapie unter folgenden Internetadressen:

www.asgt.org

www.gemrics.od.nih.gov

www.zks.uni-freiburg.de/dereg.html

## 6. Das Schweigen der Gene

Eine weitere vielversprechende Möglichkeit, Krebs, Aids und andere schwere Erkrankungen zu bekämpfen, besteht darin, die krankmachenden Gene einfach abzuschalten. Die Zaubermethode dazu heißt si-RNA (small interfering Ribonucleic Acid). Doppelsträngige, nur 22-25 Bausteine lange RNA-Moleküle werden in die mutierenden Zellen eingeschleust (via >Taxi< oder direkt in das kranke Gewebe eingespritzt) und verhindern dann die Genexpression, den Umsetzungsprozess in Proteine, indem sie die Boten-RNA (mRNA) neutralisieren, welche die Bauanleitung für die Proteinsynthese enthält.

Entscheidend für den Therapieerfolg ist die verabreichte Dosis an si-RNA. Wie sagte schon Paracelsus im 15. Jahrhundert: „Alle Dinge sind Gift und nichts ist ohne Gift. Allein die Dosis macht's, dass ein Ding kein Gift ist."

Mit der si-RNA-Technik kann im Übrigen nicht nur jedes einzelne der rund 30.000 Gene des menschlichen Genoms ausgeschaltet - oder angeschaltet - und auf seine spezifische Funktionsweise hin untersucht, sondern es kann auch die Aktivität jedes einzelnen Gens präzise gesteuert werden.

Die beiden US-Forscher Craig C. Mello und Andrew Z. Fire, die den >Stummschaltungsprozess< entdeckt haben, erhielten 2006 den Medizin-Nobelpreis.

## 7. Keimbahntherapie

Noch einmal zur Verdeutlichung: Bei der somatischen Gentherapie geht es in erster Linie darum, ein bestimmtes Gen oder rekombinante DNA mittels geeigneter Transporteure in krankhaft mutierende Körperzellen einzuschleusen, um einen zellulären Selbstheilungs- bzw. Normalisierungsprozess in Gang zu bringen. Dabei sollte das Transportgut stabil in die Empfängerzellen integriert werden, auf dass bei jeder Zellteilung auch die Tochterzellen damit ausgestattet sind. Keimzellen bleiben bei der somatischen Gentherapie unangetastet.

Keimbahntherapie (germline gene therapy, germline intervention, germline engineering) dagegen bedeutet einen direkten Eingriff in die menschlichen

Keimzellen, entweder in die befruchtete Eizelle oder in die totipotenten Stammzellen, mit dem vornehmlichen Ziel, die Nachkommen erbkranker Paare dauerhaft von genetischen Defekten zu befreien.

Im Unterschied zur somatischen Gentherapie würden bei der Keimbahntherapie keine faktisch kranken Menschen behandelt, sondern prophylaktisch deren Kinder. Obwohl nicht mit Sicherheit prognostizierbar ist, dass die Kinder tatsächlich an einer durch das >Patho-Gen< verursachten Erbkrankheit leiden werden.

Dadurch verschwimmen die Grenzen zwischen gentechnischer Krankheits-Vorbeugung und Eugenik (Züchtung nach Maß). Stoff für kontroverse Diskussionen und politische Debatten, ähnlich denen beim Klonen und bei der Präimplantationsdiagnostik.

Zur Zeit wäre der Eingriff in die menschliche Keimbahn unverantwortlich, weil technisch noch zu risikoreich, *morgen* sieht das anders aus und *übermorgen* gehört er zur Routinearbeit der Biomediziner.

Laut Gregory Stock und John Campbell von der University of California müssen zwei wesentliche technische Bedingungen für eine erfolgreiche Keimbahntherapie erfüllt sein:

„The first is a practical procedure to introduce changes in a human egg. The procedure must be safe, reliable and above all, practical. Ideally, it should allow us to introduce many improvements into an egg at one time, and to do so without interrupting the rest of the genetic program.

The second is the creation of genetic improvements promising enough to inspire us. These two prerequisites are difficult but geneticists are substantially closer to both of them than is generally appreciated."

## 8. Sein und *Design*

Gibt es erst ein sicheres und zuverlässiges Verfahren, mit dem einzelne Gene oder Chromosomen in vivo oder in vitro manipuliert und zielsicher an bestimmte DNA-Lokalitäten transferiert werden können, und steht darüber hinaus fest, welche konkreten Auswirkungen die Implementierung eines modifizierten oder zusätzlichen (Super-) Gens auf einem Chromosomenstrang hat, was sollte dann noch dem genetischen Eigendesign à la homo perfectus im Wege stehen? Allenfalls juristische Auflagen. Doch wie wären die zu begründen? *„Jeder genetische Eingriff, der nicht der Verhinderung oder Bekämpfung von Krankheiten dient, ist nach § XYZ Abs. 1 verboten."* Lächerlich! Besser ist, unvermeidlich kommende Entwicklungen in einem

„free market environment with real individual choice, modest oversight and robust mechanisms to learn quickly from mistakes" (G. Stock) zu managen.

Gesetzliche Verbote fördern allenfalls den Gen-Tourismus. Was *hier* verboten ist, ist *dort* erlaubt. Wer sollte wen daran hindern, seine eigene genetische Ausstattung oder die seiner Nachkommen auf einem Wochendtrip nach irgendwo mal eben „tunen" zu lassen?

„The Economist" forderte schon vor über 15 Jahren (25.4.1992: I1), die Gesellschaft solle sich von ihrem altmodischen Moralismus verabschieden und die kommerziellen Chancen der modernen Gentechnik begrüßen. Schließlich vergrößere sie des Menschen Handlungsfreiheit und Selbstbestimmung und sei ein großer Schritt vorwärts.

Die Nachfrage nach genetischer Perfektionierung ist da, so oder so. Laut einer repräsentativen Umfrage, die Darryl Macer, seinerzeitiger Direktor des Bioethik-Programms der Internationalen Vereinigung der Biowissenschaften vor ein paar Jahren durchführen ließ, zeigten in den USA 43%, in Japan 26%, in Indien 60% und in Thailand 80% der Befragten großes Interesse an gentechnischen Angeboten, die die körperlichen und geistigen Fähigkeiten und Eigenschaften ihrer Kinder verbessern.

Gentechnik, Reproduktionsmedizin, Nanotechnologie und Molekularelektronik werden zusammenwachsen und mittelfristig miteinander verschmelzen. Völlig neue Berufe wie Gendesigner, Molekularelektroniker, Evolutionsarchitekt gehören vermutlich zu den bestbezahltesten der Biobranche von morgen und übermorgen.

## 9. Auf dem Weg zum Maß-Menschen

Bereits heute kann man mit gentechnisch hergestellten Wachstumshormonen die Körpergröße von Kindern kontrollieren. Auch das Gewicht und die Anfälligkeit für Fettleibigkeit (Adipositas) wird - so Prof. Dr. Johannes Hebebrand (Ärzte Zeitung 21.9.2004) - zu mindestens 50 Prozent genetisch gesteuert. Für Heißhunger auf Schweinshaxen, Hirschragout und Sahnetörtchen sind teilweise auch unsere Erbanlagen verantwortlich.

Ob jemand zu Twiggy- oder Rubensmaßen tendiert, kann z. B. entscheidend von dem auf Chromosom 16 angesiedelten FTO-Gen abhängen, von dem jeder sechste

Europäer zwei Kopien in seinem Erbgut trägt. Genetische Untersuchungen von Molekular-Medizinern der Peninsula Medical School in Exeter (U.K.) an insgesamt 38.759 Teilnehmern bestätigten einen engen Zusammenhang zwischen einer FTO-Genvariante und dem Body Mass Index. (Frayling, T.M. et al. in: Science, April 2007) Eine ebenfalls wichtige Rolle spielt das Melanocortin-4-Rezeptor-Gen (MC4R). Es liefert den Bauplan für eine Andockstation für Botenstoffe, die dem Gehirn Hunger- oder Sättigungssignale melden. Stark übergewichtige Menschen zeigen häufig Mutationen auf MC4R, die bewirken, dass Sättigungssignale nicht oder nur unzureichend empfangen werden.

Nicht vergessen werden soll an dieser Stelle das Enzym Xanthin-Oxidoreduktase (XOR), das die Entstehung von Fettgewebe steuert. Wie Professor Jeffrey Friedman von der Rockefeller University New York in der Fachzeitschrift Cell Metabolism (2007, 115) mitteilte, ist bei Adipositas die XOR-Aktivität stark erhöht. Würde das für XOR kodierende Gen durch gentherapeutische Maßnahmen entsprechend manipuliert, könnte die Bildung von Fettgewebe reduziert werden.

Bereits 1996 verkündete eine Gruppe von Wissenschaftlern der University of Washington in St. Louis die Identifizierung und Isolierung eines Haarwuchs-Gens. Gene für Gesichts- und Schädelform sind ebenfalls längst bekannt:

- Ein Defekt des Elastin codierenden Gens führt zum Williams-Beuren-Syndrom, das nicht nur Gesichtsanomalien (Faunsgesicht mit eingedrücktem Nasenrücken, hängenden Wangen und vollen Lippen), sondern obendrein eine Verengung der Aorta und Hirnschäden mit sich bringt.
- Das PAX-3-Gen steht mit dem Waardenburg-Syndrom in Verbindung, bei dem charakteristischerweise die Augen weit auseinander stehen und von unterschiedlicher Farbe sind (blau und grün).
- Das GL-13-Gen korrespondiert mit dem Greig-Syndrom: Fehlbildungen von Kopf, Händen und Füßen.

Je besser die molekularen Strukturen und Interaktionsnetzwerke solcher und ähnliche Mutagene durchschaut werden, umso präziser und sicherer kann man sie ausschalten oder eben manipulativ für gezieltes Körper-Design nutzen. Es macht prinzipiell keinen Unterschied, ob man die Skelettmuskeln eines an Duchenn'scher Muskelatrophie Leidenden aus therapeutischen oder die eines Leistungssportlers aus Optimierungs-Gründen wachsen lässt.

Bis spätestens 2020 – so der renommierte Physiker und Zukunftsforscher Michio Kaku – werden die Forscher einen vollständiger Satz von Einzelgenen für die Codierung von Körpergewicht, Haar, Gesichts-/Schädelform u. v. m. identifiziert, isoliert und in ihren Wechselwirkungen verstanden haben.

Bis dahin wird man längst auch die Kontrollgene kennen und verstehen, die tausende von anderen Genen so instruieren und steuern, dass letztlich eine bestimmte Organ- oder Körperarchitektur entsteht.

Möglicherweise können sogar bestimmte kognitive resp. affektlogische Verhaltenseigenschaften ins Design-Programm aufgenommen werden: Neben analytischer und praktischer Intelligenz etwa der optimale *Angst+Sorgen-Level*. Das betreffende Gen, es codiert ein Protein für den Neurotransmitter Serotonin, kommt in einer langen und einer kurzen Version vor, die beide von den Eltern vererbt werden. Personen mit zwei >langen Genen< (ein Drittel der Gesamtbevölkerung) zeigten in Persönlichkeitstests eine ausgesprochen optimistische Zukunftssicht, während die Personen mit dem geerbten >kurzen Gen< signifikant von Ängsten, Sorgen und Neurotizismen betroffen waren. (vgl. Science, 29.11.1996)

Ob diese oder andere genetische Prädispositionen durchschlagen oder nicht, dürfte gleichwohl mit Sozialisations- und Lernfaktoren zusammenhängen.

Lernen am Modell spielt im Übrigen nicht nur bei Menschen – insbesondere Kindern – eine Rolle. Auch Roboter können mittlerweile neues Verhalten lernen, ohne es vorher einprogrammiert zu bekommen, einfach durch Nachahmung.

## 10. Zukunftsmarkt Reprogenetik

Schneller als man glaubt, wird sich ein profitabler Markt für reprogenetische Leistungen entwickeln. Firmennamen à la Gene-Genie und Master-Gene werden unseren Kindern und Kindeskindern möglicherweise so geläufig sein wie uns Heutigen Dr. Oetker und McDonald's.

Stets gilt die Marketing-Maxime vom bereits erwähnten First Mover Advantage: Wer als erster mit einer gentechnischen Innovation auf den Markt kommt, fährt via *skimming pricing* die größten Gewinne ein.

Nach einer Hochpreisphase, in der die *cream is being skimmed*, der Profitrahm abgeschöpft wurde, geht man vermutlich zum downsizing über und offeriert zusätzlich preisgünstige Gen-Optimierungs-Pakete mit weniger umfassenden Optionen für weniger betuchte Zielgruppen.

Während upper-class-Angehörige mit dem teuren Premium-Paket alle Eigenschaften ihrer potenziellen Kinder – von der Größe über Augen- und Haarfarbe bis hin zur konstitutionellen und intellektuellen Leistungsfähigkeit – bestimmen können, bieten die preiswerteren Paketvarianten nur >inferiore Superioritäten<. Etwa zweitklassige Fußball-, Golf- oder Klavierspieler. C'est la vie commercial!

Ich sehe eine genetische Vier-Klassen-Gesellschaft heraufdämmern: Hier die Geld- und Gen-Aristokratie, die sich und ihre Kinder via DNA-Tuning psychosomatisch stets *on top* hält, dort die ‚Gen-Proletarier', denen das notwendige Kleingeld für die genetische Aufpeppung fehlt oder die sich nur das preisgünstigste Optimierungspaket leisten können; zwischen beiden die obligatorische Mittelschicht und last not least die Klasse der *Naturmenschen*, die konsequent und vehement jede Art von Genmanipulation ablehnt. Und damit ihr grundgesetzlich verbrieftes Recht auf körperliche Unversehrtheit und Selbstbestimmung hoch hält. Das, bleibt zu hoffen, auch im Jahre >632 nach Ford< noch Gültigkeit hat. Ansonsten befinden wir uns möglicherweise in einer *staatsgenopolistischen* Gesellschaft Huxley'scher Prägung, einer *Genodiktatur,* in der Vater Staat die absolute Reproduktions-Kontrolle übernommen hat und jede Wahl-Freiheit und Individualität zugunsten hochgesunder und tiefbetrübter *DIN-Menschen* auf der unseligen Strecke geblieben sind.

**Vorschlag zur Güte:**
Um soziale Diskriminierungen und frustane Aggressions-Eskalationen zu vermeiden, sollte die Ordnungspolitik rechtzeitig entsprechende Verhaltenskodizes entwickeln und die Versicherungs-Gesellschaften Gen-Optimierungs-Module in ihr Angebotsspektrum aufnehmen, die jeder nach eigenem Ermessen und eigenem Geldbeutel für sich in Anspruch nehmen kann. Für diejenigen, die *wollen*, aber finanziell nicht können, sollten staatliche GDVZs (Gendiskriminierungs-Verhinderungs-Zuschüsse) gezahlt werden. Finanziert aus den gewaltigen Einsparungen eines generalüberholten, vor Wettbewerbs-Effizienz strotzenden Gesundheitssystems.
Wie immer fährt die Gesellschaft am besten, die das unvermeidlich Kommende antizipatorisch-prophylaktisch ins Auge fasst und die bestmöglichen Rahmen-bedingungen für ‚the greatest luck for the greatest number' schafft.

## 10.1 Reprogenetik und Leistungssport

Im Hochleistungssport sind *Mutanten* seit Jahren für Eigen-Ruhm, Volk und Vaterland im Einsatz. Viele undercover, viele nicht.

Zu den bekanntesten Promi-Mutanten gehört der finnische Skilangläufer Eero Mäntyranta, mehrfacher Goldmedaillen-Gewinner. Der Mann hat eine Punktmutation im Gen für den Erythropoetin-Rezeptor, produziert deshalb mehr rote Blutkörperchen und ist entsprechend leistungsfähiger als die Nicht-Mutanten auf zwei Brettern.

Alle gentechnischen und biopharmazeutischen Innovationen, selbst die noch nicht 100%-ig ausgetesteten, mit denen sich die körperliche Performance optimieren lässt, finden in vielen Hochleistungssportlern willige Ausprobierer. Die Gier nach Ruhm und seinen Annehmlichkeiten lässt die Risiken oft verblassen.

Heute greifen Athleten gerne auf Substanzen zurück, die in der Schweinemast erfolgreich sind und noch nicht auf irgendwelchen Dopinglisten stehen oder noch nicht nachgewiesen werden können. Morgen werden sie mit Insuline-like-growth-factor-Proteinen und Ähnlichem ihre Skelett- und anderweitigen Muskeln wachsen lassen oder die Knochen stabiler machen.

Möglicherweise werden die Olympischen Spiele in Zukunft von jeder genetischen Klasse oder Kaste gesondert ausgetragen. Alles andere macht irgendwann einfach keinen Sinn und keinen Spaß mehr, weder den Beteiligten, noch den Zuschauern.

Sobald neue Gene und ihre Proteinvarianten bekannt sind, die für bestimmte Sportarten prädestinieren, werden Bio- und Pharmaunternehmen darauf zugeschnittene Zytokine entwickeln und sie werden darüber hinaus Gentests anbieten, mit denen jedermann feststellen kann, ob er das Zeug zum Top-Athleten hat.

Vermutlich wird es Gene-Hunter geben, die im Auftrag nationaler Sportorganisationen nach Personen mit dem jeweiligen Supergen oder der Supergen-Kombination fahnden. Ähnlich den heutigen Head-Huntern, die ultimative Leistungsträger für die oberen Managementetagen suchen.

## 10.2 Hormone mit Zukunft

- Human growth hormon (HGH, Somatropin) stimuliert Proteinsynthese, Lipolyse sowie Muskel- und Knochenzell-Wachstum. Es entfaltet seine Wirkung vornehmlich über IGF-Proteine.

- IGF- (Insuline-like-growth-factor-) Proteine kontrollieren Knochen- und Muskelwachstum und hemmen den Proteinabbau.
- ACE (angiotensin converting enzyme) kann die aerobe Ausdauerleistung fördern.

## 11. Zukunftsmarkt Apoptosis

Während manch einem bei den zukünftigen Möglichkeiten der Reprogenetik ein eiskalter Schauer des Entsetzens über den Rücken läuft, ist es bei anderen eher ein heißer Schauer des Entzückens. Irgendwie, seien wir ehrlich, spukt der Traum vom ewigen Leben in jedem Kopf herum. Da machen Biowissenschaftler keine Ausnahme.

In einigen Gen-Laboratorien ist man längst auf der Suche nach den Ursachen der natürlichen Zell-Alterung. Das Forschungsgebiet nennt sich Apoptosis, was - wie oben bereits gesagt - soviel bedeutet wie >programmierter Zelltod<. Darunter fallen alle molekuarbiologischen Prozesse, die die Evolution einer Zelle von ihrer Entstehung bis zum Absterben steuern.

Untersuchungen am Fadenwurm Caenorhabditis elegans, einem Modellorganismus des Human-Genom-Projektes, bei denen die Identifizierung und Isolierung von cell-death-Genen gelang, scheinen die genetische Basis von Alterungsvorgängen zu bestätigen.

In der Science-Ausgabe vom Januar 1998 berichtete Woodring Wright vom Southwestern Medical Center der Universität Texas Sensationelles. Ihm und seinen Mitarbeitern war es gelungen, menschliche Zellen aus Auge und Vorhaut, denen die Erbanlagen für Telomerase inseriert wurden, unbegrenzt am Leben zu erhalten.

Das Telomerase-Enzym sorgt dafür, dass in den Keimzellen die schützenden Endstücke der Chromosomen, die Telomere, nicht abnutzen.

Da in Körperzellen die Telomerase normalerweise nicht vorkommt, werden die Schutzkappen der Chromosomen bei jeder Zellteilung etwas kürzer, bis sie letztlich ganz abgenutzt sind. Die Zelle verliert ihre Teilungsfähigkeit, altert und stirbt. Normalerweise! Ein „telomeratisches" Anti-Aging-Mittel wäre sicher der Blockbuster aller Blockbuster.

## 12. US-Firma mit Telomerase- und Klonpatenten

Wright's Veröffentlichung erfreute seinerzeit nicht nur die wissenschaftliche Zunft, sondern ebenso die Financial Community. Die Aktienkurse der Geron Inc. – sie hält u. a. Patente auf Telomerase – zogen kräftig an.

**Geron Inc.** Sitz: Menlo Park, Kalifornien. NASDAQ-Symbol: Gern. **Verfügt über eine integrierte Systemlösungs-Plattform mit folgenden Produktbereichen:** 1) therapeutic products for oncology that target telomerase; 2) pharmaceuticals that activate telomerase in tissues impacted by senescence, injury or degenerative disease; and 3) cell-based therapies derived from its human embryonic stem cell platform for applications in multiple chronic diseases.

**Patente sichern den strategischen Unternehmens-Erfolg:**
A broad intellectual property portfolio of issued patents and pending patent applications supports our product development and out-licensing activities. Our policy is to seek appropriate patent protection for inventions in our principal technology platforms – telomerase, human embryonic stem cells and nuclear transfer – as well as ancillary technologies that support these platforms or otherwise provide a competitive advantage to us. We achieve this by filling patent applications for discoveries made by our scientists, as well as those that we make in conjunction with our scientific collaborators and strategic partners. (www.geron.com)

Den Kaliforniern wurde vom Europäischen Patentamt das Patent über jenes Verfahren zuerkannt (EP 0849990), mit dem Dolly geklont wurde. Es deckt mehr als 20 Ansprüche in Verbindung mit dem Transfer von Zellkernen zum Klonen von Schafen, Rindern und Vögeln ab, nicht aber von Primaten oder Menschen. Das Klon-Verfahren wurde von Forschern des schottischen Roslin-Instituts entwickelt, das zum Teil Geron gehört.

---

**Weiterführende Literatur:**
Bhushan, B. (Ed.): Handbook of Nanotechnology, Springer 2007.
Halstenberg, V.: Power Brands & Brand Power. Wie erfolgreiche Marken entstehen und wie sie erfolgreich bleiben, Logos-Verlag 2005. http://logos-verlag.de.
Hardy, J.: A Hundred Years of Alzheimer's Disease Research, in: Neuron 2006 / 52: 3-13.
Hartwell, L./Hood, L. et al.: Genetics: From Genes to Genomes, McGraw Hill 2006.
Kurzweil, R.: The Age of Spiritual Machines, 1999.
Ratledge, C./Kristiansen, B.: Basic Biotechnology, Cambridge University Press 2006.
Schreiber, H.-P.: Biomedizin und Ethik, Birkhäuser 2004.

Silver, L. M.: Remaking Eden. Cloning and Beyond in a Brave New World, New York (Avon) 1997.

Stock, G.: Redesigning Humans. Our Inevitable Genetic Future, (Houghton Mifflin) 2002.

Winnacker/Linke-Gespräch, abgedruckt in: Gesamtverband der Deutschen Versicherungswirtschaft e. V. (Hrsg.): Gentechnik. Grenzzone menschlichen Handelns?, Berlin 1999.